★给孩子的博物科学漫画书★

丛林中的生化战

甜橙娱乐 著

中国纺织出版社有限公司

图书在版编目（CIP）数据

寻灵大冒险.3，丛林中的生化战／甜橙娱乐著. --
北京：中国纺织出版社有限公司，2020.9
（给孩子的博物科学漫画书）
ISBN 978-7-5180-7636-9

Ⅰ.①寻… Ⅱ.①甜… Ⅲ.①热带雨林 – 少儿读物
Ⅳ.① P941.1–49

中国版本图书馆CIP数据核字（2020）第127263号

责任编辑：李凤琴　　责任校对：寇晨晨　　责任印制：储志伟

中国纺织出版社有限公司出版发行
地址：北京市朝阳区百子湾东里A407号楼　邮政编码：100124
销售电话：010－67004422　传真：010－87155801
http://www.c-textilep.com
官方微博http://weibo.com/2119887771
北京利丰雅高长城印刷有限公司　各地新华书店经销
2020年9月第1版第1次印刷
开本：710×1000　1/16　印张：10.5
字数：120千字　定价：39.80元

开启神奇的冒险之旅吧

在我的童年时代，《小朋友百科文库》是我所读科普类书籍的主要组成部分。十多年前，我就一直想把来自世界各地的雨林动物以动画的形式展现出来，后因种种事情的牵绊未能付诸实施。这次重新筹划，我不但感到欣慰，回忆昔日，心中充满了温馨。

这是一部充满雨林冒险与团队励志的长篇故事，让所有的小观众们不仅能领略雨林中的大千世界，还能体会剧中主角们勇往直前、坚韧不拔的毅力。更倡导全世界未来的小主人公们，一起关爱自然，维护我们共同赖以生存的家园并与自然界中的生物和谐共处。

从 2012 年开发《寻灵大冒险》3D 动画，到今天已经累计在全球 100 多个国家发行。相关漫画图书在世界范围内售出 400 多万册，成为许多国家家长和学校高度推荐的畅销书。

　　希望所有的小读者们能与父母一起亲子共读此书,家长饱含深情地给孩子朗读和演绎故事,按照故事情节变换不同的语调和声音,会增加孩子情绪分化的细腻性,有利于孩子情感体验和情绪表达的科学发展。大一点的孩子完全可以自主阅读了,或许你会和故事中的主角们一样的勇敢啊!

　　下面让我们和剧中的马诺、丁凯等主角们一起,开启这趟神奇的冒险之旅吧!

《寻灵大冒险》《无敌极光侠》编剧

2020 年 7 月

人物介绍

马诺 ♂

　　男，11岁，做事有点马马虎虎，大大咧咧，暗恋兰欣儿，但对感情比较笨嘴拙舌，是全队的动力，时刻都会保护大家，待人很真诚。

丁凯 ♂

　　男，11岁，以冷静见长，因为自己很有能力所以性格很强，虽然不能成为全队的领袖或者智囊，但可以在队伍混乱时，随时保持冷静的观察和谨慎地思考，因为和马诺的性格不同所以演变成了微妙的竞争关系。

兰欣儿 ♀

　　女，11岁，看着像一个弱不禁风的小女孩，其实人小能量大，遇事沉稳，但难免有时会比较急躁，虽然总被惹事精的马诺所折磨，但觉得马诺在任何时候都会支持自己所以很踏实。

兰冰 ♂

　　男，7岁，兰欣儿的弟弟，年纪比较小，需要全队来保护，但同时又机灵敏捷，像个小大人似的喜欢说成熟的话，是个喜欢昆虫的宅少年。

卓玛 ♀

　　女，12岁，当地的土著人，淳朴善良勇敢，一直热心地帮助主角们渡过难关。

目 录

第一章

榴莲争夺战

3

4

欣儿他们也听到了青鸾的叫声。

这是什么声音?

不知道啊!

可能是这个。

这不是鸟的脚印吗?

兰欣儿,能帮忙看下这个吗?

8

9

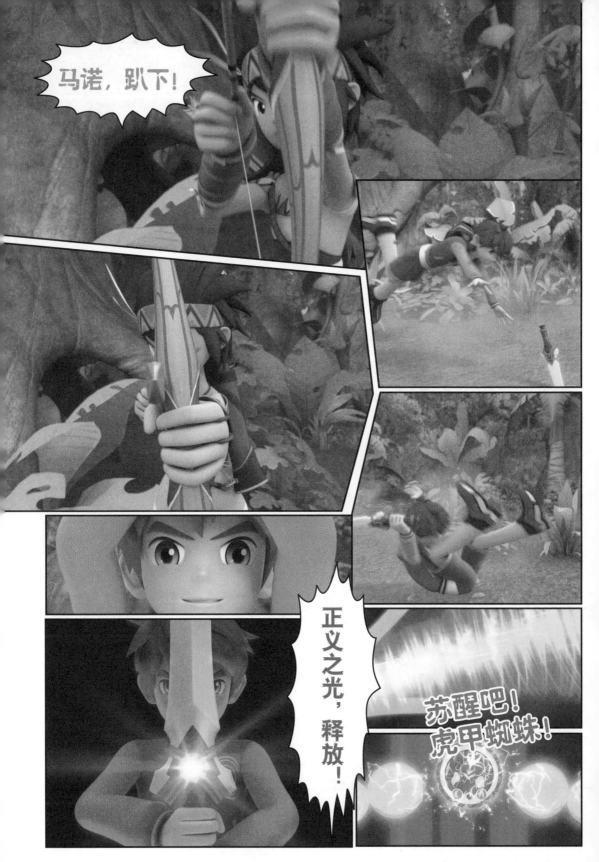

嚓
嚓

惊讶

被触角刺中。

回收！

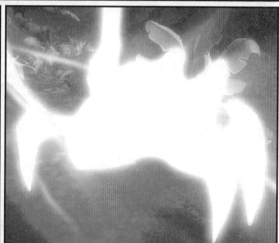

26

羽箭青鸾

　　羽箭青鸾的原型是大眼斑雉。大眼斑雉与孔雀是近亲，属鸟纲鸡形目雉科，是丛林中长得最漂亮的鸟类之一。

　　大眼斑雉身体上的羽毛总体为褐色，冠为黑色，头及颈为蓝色，上胸赤红色，脚呈红色。尾羽很长，雄雉最特别的地方是有很大、很宽及很长的次级飞羽和尾羽，翅的下端装饰着复杂的蓝色斑点，就像一双双明亮的大眼睛，由此得名。

　　雄雉是雉科所有种中最大的，长达 2m，成年体重仅有 2 ~ 3kg。雄性小雉 3 岁就会有成年的羽毛。雌鸟羽色较暗，个体小，尾巴和翼羽较短，眼状斑点亦较细小。大眼斑雉不会迁徙，栖息于热带雨林，主要是低地的原始森林和伐木森林，分布在马来半岛、苏门答腊、婆罗洲等地方。

　　大眼斑雉晚上在树上栖息，白天在林地地面的落叶里翻寻食物，主要以树叶、种子、水果为食，也吃昆虫和小型脊椎动物。大眼斑雉为"一夫一妻制"，比较特别的是雄性向雌性的求爱方式：雄性将求偶场地内的叶子、棍棒和树枝等杂物清除干净，用鸣叫和歌唱吸引雌性，当雌鸟到来时，雄鸟在雌鸡面前张开双翼成扇状，展示双翼上的眼睛，翩翩起舞，来吸引雌性。之后雌鸟离开，在森林在僻静的地方刮草为窝产两枚卵并进行大约三周的孵化，雄鸟不参与筑巢、孵化和饲养。

　　野生的大眼斑雉在新加坡已经灭绝。目前该物种分布范围有限，由于环境的人为破坏，存在密度低，被列为近危。

第二章

新的剑灵

啪 啪 啪

丁凯在想着和马诺的对话。

都跟你说了，
是真的呢！

你想让我现在
就相信你吗？

那还说了什么？

啊！

因为是剑的精灵，
所以在剑有危险时才会
出现的，还让我好好
守护剑呢！

说要利用剑
收服灵兽！

你不会又是在做梦吧？
剑怎么可能会有灵魂呢？

啊！不是你说的
这剑可以召唤
灵兽的吗？
我还以为你也知道
剑灵呢。

我只相信
自己的眼睛！

33

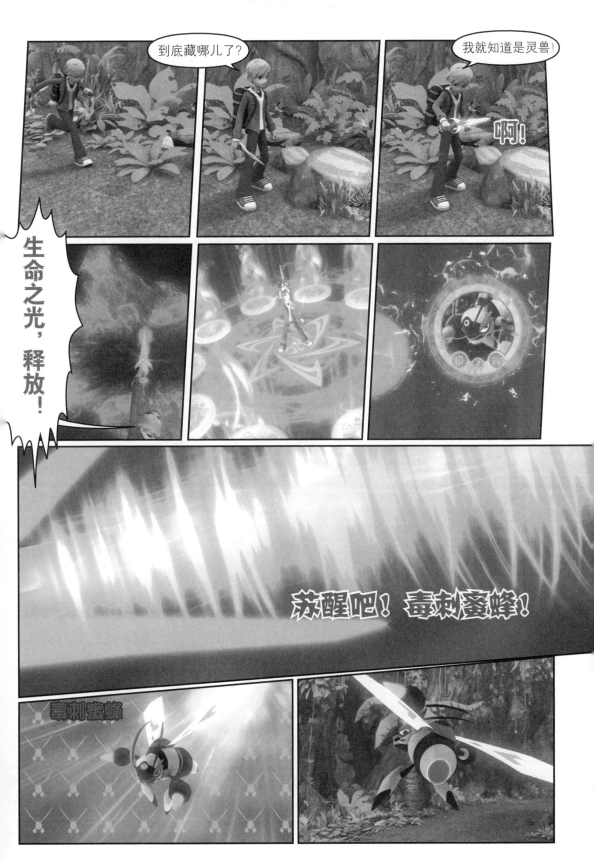

48

50

呃，那个嘛……

刚刚，你又在自言自语吗？

哥，你确定没什么事吗？

呃，有点晚了，我们该走了。

哥，你岔开话题了呢。

53

暗影猎豹

　　暗影猎豹的原型是黑豹。黑豹属于猫科豹属，是豹的黑色型变种，黑豹身躯的底色是暗色或者黑棕色，乍看起来像黑色。黑豹与正常的豹和美洲豹形态无异，耳短，尾长70～95cm，体重50～55kg。豹栖息于森林、山区、草地和荒漠，夜间活动，能爬树、游泳。奔跑速度70km/小时，能跳6m远、3m高，号称"全能冠军"。它的视觉、听觉、嗅觉极为灵敏，捕食各种中小型动物。豹子的毛色通常呈棕黄色并带有黑色斑点，故又名金钱豹。它们主要分布于马来西亚、泰国和印度等地，属热带湿润森林动物。在马来半岛生活的豹子大约90%都是黑豹，这里也是世界上黑豹数量最多的地方。不过，和生活在马来半岛上的马来虎一样，黑豹也面临着许多威胁，包括被偷猎和在栖息地丧失。

　　广义上而言，黑豹不是一个生物学上科学的分类概念，而是对猫科家族一些特定成员的较为宽泛的定义，所以它并不是其他亚种，也没有只属于黑豹的个体群。黑豹会在普通颜色的豹里出生，也会生出普通颜色的豹。

第三章

重　逢

59

看起来像是荒废的村子，应该没什么危险。

啊！

虽然有点不好意思，不过，我先……

哇！

运气真好！这些是谁收集的呢？

咔嚓咔嚓!

啊!

跑

跑

兰冰不见了。

马诺美味地吃了一顿后,继续赶路。

今天吃得好饱!

肯定能比之前多走很多路的,你也是吧,奇奇?

63

64

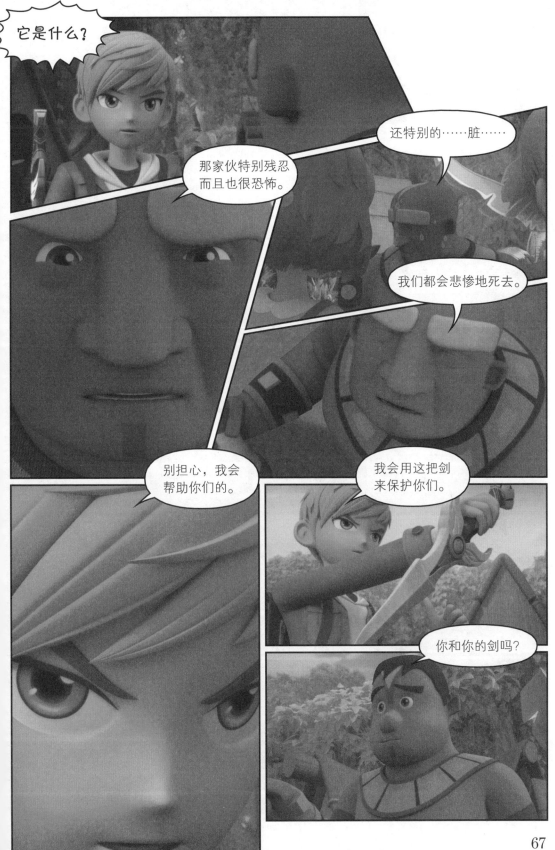

67

79

马来貘

　　马来貘属哺乳纲奇蹄目貘科，体长为 1.8 ~ 2.5m，肩高 90 ~ 120cm，尾长 5 ~ 10cm，体重 250 ~ 540kg，是现存貘属 5 种种类当中身躯最大的，主要分布于东南亚的马来半岛、苏门答腊、泰国、柬埔寨和缅甸。马来貘的长相奇特而有趣，有"五不像"之称，鼻似象，耳似犀，尾似牛，足似虎，躯似熊，毛色黑白相间，一副呆头呆脑的样子。它身体滚圆而肥壮，皮肤很厚，头部比猪大得多，脖子粗壮。鼻吻部延长、突出呈圆筒形，柔软而下垂，能够自由伸缩。全身由黑白两色、整齐洁净的短毛组成，头部和身体的前部、腹部、四肢和尾巴均为黑色，身体的中、后部为灰白色，形成强烈的对比色。

　　马来貘通常在夜间出来活动，白天躲在阴暗的地方休息。它视觉较差，但天生具有非凡的游泳和潜水本领，并且听觉和嗅觉十分灵敏，在野外主要靠嗅觉觅食。它只吃素，主要以竹子为食，也吃树枝和树叶。马来貘没有坚硬的犄角、尖锐的脚爪、锋利的牙齿等进攻和自卫的武器，是一种非常胆小、羞怯而和善的动物。马来貘非常喜欢水，从不离开森林的水边，常常待在水中或泥潭中，在水中既可以躲避敌人，也可以给身体降温，把长鼻子伸出水面进行呼吸。

　　马来貘作为食物被猎杀，森林砍伐也使其数量大幅下降，野生的马来貘已成为濒危物种。很多国家建立了自然保护区以保护这些世界上最为奇特的动物得以繁衍生息。

第四章

丛林中的生化战

83

踢

嗖

嗷

咚

掉进泰坦魔芽的剑咳嗽了起来。

姐姐，摸下这花会怎么样啊？

唰

唰

我身上沾到
这种怪味儿了。

现在不是说这个的时候，
那到底是什么？

看起来像是
穿山甲。

它这是要
干什么？

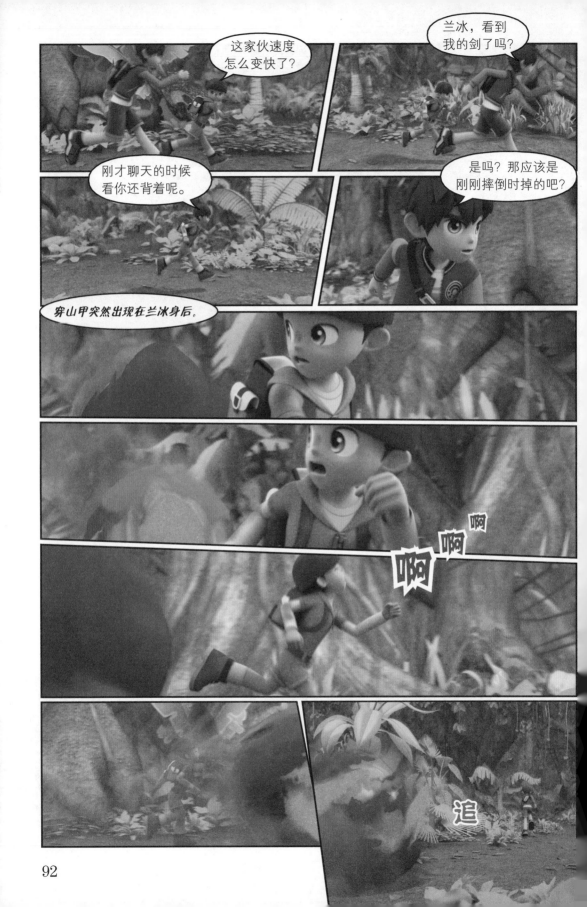

93

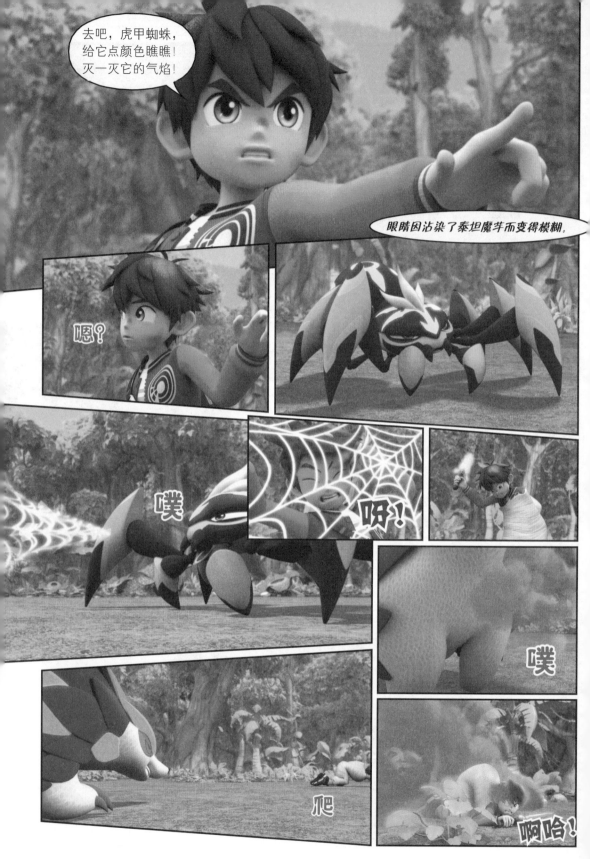

98

穿山甲

　　穿山甲属哺乳纲鳞甲目。它体形狭长，整体长度为 50～100cm，体重为 4.5～39kg，体温仅 32℃。尾巴扁平，躯干的长度与尾巴长度几乎相同，头尖长而直扁、口细吻尖，没有牙齿，舌头细长而柔软，舌尖为实心，后半截则呈空管状。穿山甲是特化物种，视觉基本退化，但是嗅觉灵敏，主要食物为白蚁。穿山甲的外壳大约占穿山甲总体重的 20%，身体表面全部被松果似的鳞片覆盖着，鳞片之间带有短刺。它遇敌时会蜷缩成球状，坚硬的硬壳令猛兽难以咬碎或下咽，当动物试图去咬缩成一团的穿山甲时，它会利用肌肉让鳞片进行切割运动，割破敌人的嘴巴。

　　穿山甲主要分布在东南亚以及非洲的部分国家，栖息于丘陵、山麓、平原的树林潮湿地带，昼伏夜出，喜炎热，会爬树、游泳，能用前爪在泥土地带刨土挖洞居住，但是不能"穿山"。洞穴的结构也很有讲究，常常随着季节和食物的变化而不同。它很爱清洁，平时会在洞外挖坑进行排便后再用松土覆盖。穿山甲有活化石之称，最古老的化石穿山甲生存于始新世的欧洲。

　　穿山甲具有重要的生态价值和药用价值。由于经济利益的驱动以及栖息地的不断破坏，导致穿山甲被疯狂猎杀和非法贸易，数量急剧锐减。其现状越来越引起全世界人民的关注与重视，每年 2 月的第 3 个星期六被定为世界穿山甲日。

第五章

毒蘑菇

云豹

跑

刀锋螳螂

嗷

马诺看到不远处的树根下长着很多蘑菇。

110

相信我好了。
嗯，味道还不错嘛！
不爱吃吗？那你没口福了。
奇奇，你也吃吃看。
我大概找了一下，这附近好像除了蘑菇，没什么别的吃的了。
那就打道回府吧！

对，快回去也给
大伙尝个鲜吧！

哧哧

到时就能顺利拿回那把剑了。

这下可有他们
受的了。

不过那家伙到底
去哪儿了？

111

一会儿见！
我也再去找找
那我也不能就这么待着。
等等我！
欣儿，快点回来哈！
这都怨你。
哎呀！肚子好疼啊！
明明在这见到过的。
找到了！我果然没记错！

117

嗖 嗖

啪

干得漂亮!

消失

怎么又消失了？

偷袭

击中

回收!

不!

什么招数这么厉害!

那该怎么办?

好，苏醒吧！毒雾穿山甲！

这是古老的战斗技巧，就是攻击穴位，让对方的身体慢慢僵住。

需要召唤擅长防御的灵兽。

121

毒雾穿山甲

小心！

做得不错！

毒气喷向了丁凯。

噗

啪啪

不要！

穿山甲受到攻击后，毒气积聚在身体里。

怎么会这样？它的毒气应该快要在体内炸开了！

丁凯，赶紧把毒雾穿山甲收回来！

毒雾穿山甲，回收！

只防御也不是方法。

那样的话，苏醒吧！眼镜王蛇！

125

129

你们不吃蚂蚁植物，真的没事吗？

没事的，不用担心了！

可刚刚不还说很疼吗？这到底是怎么回事啊？

不是说了吗？又不是毒蘑菇，只是拉肚子，没事儿的！

呵呵呵！拉几次之后就好差不多了。

这是刚才那三个人干的好事！

卓玛拿着蘑菇走来。

是吗？那还好！

这是什么？

知识加油站

刀锋螳螂

　　刀锋螳螂的原型是马来树枝螳螂。马来树枝螳螂属于昆虫纲扁尾螳科箭螳属，是世界上最大的螳螂。它的身体扁平且细长，体长约 18cm。三角形的小头可以前后左右自由转动。它的眼睛在头部正前方，由两只复眼和三只单眼组成，可视角度为 300 度，视力绝佳，非常有利于捕猎，可以看到很小的动静。它的前腿带有尖锐的镰刀，适合捕食昆虫、青蛙、鸟、小蛇等猎物。但是它只抓活物吃，不会去吃死去的昆虫，在吃之前它会触碰昆虫来确定是不是活的。

　　树枝螳螂捕猎时会将前腿收起来摆出想捕捉食物的捕获姿势，这种姿势有利于迅速地伸开前腿制住猎物。遇到威胁或者强大的对手时，树枝螳螂会大大地张开前腿来威胁对方，有的螳螂翅膀上带有斑纹，遇到天敌会展开翅膀吓唬对手。在完成交配后则会产卵，一次能产下近 200 个卵，在产卵期它会不惜一切地摄取营养。栖息地为马来西亚、亚洲雨林和印度尼西亚多座岛屿。

第六章

撞击大王

冷静点儿，别在这儿把力气都耗光了。

等会儿就让你顶个够，现在先忍忍。

对，一会儿就让你看到什么顶什么。

孩子们在丛林里继续赶路。

我查了一下，不过前面的路好像都是上坡，对吗？卓玛？

好累啊！什么时候才能爬完这坡呀？

嗨，兰冰，看来爬得挺吃力的嘛！

哥，难道你不累吗？

嗯，对。就这样一直往上走的话，就会看到峡谷的。

139

141

不好，有危险！

马来貘，快！让它
尝尝你的厉害吧！

不，我更喜欢这犀牛，
我一定要收了它。

马来貘朝着犀牛吐出了土球。

砰

噗

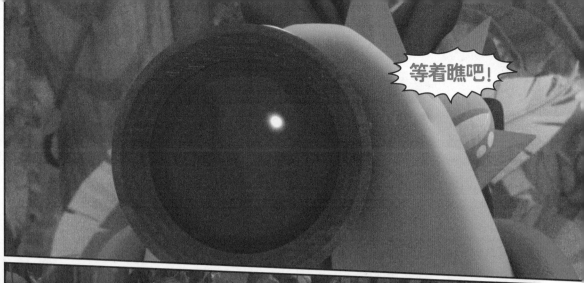

等着瞧吧!

我会让你们乖乖**交出剑的**!

你们立刻跟上来没什么问题吧?

呃,我……

我没事。

知识加油站

佛手

佛手是被子植物芸香科柑橘属香橼的变种。原产地在印度，而后传入中国南部。果实在成熟时各心皮分离，形成细长弯曲的果瓣，像佛祖的手，故名佛手。

佛手为热带、亚热带植物，喜欢温暖湿润、阳光充足的环境，不耐严寒。佛手是不规则分枝的灌木或小乔木。新生嫩枝、芽及花蕾均为暗紫红色，茎枝有长达4cm的刺。叶柄短，叶片椭圆形或卵状椭圆形。果实手指状肉条形，重量可达2kg。果皮淡黄色，粗糙，非常厚难以剥离，内皮白色或略淡黄色，松软，瓤囊10~15瓣，果肉无色，近于透明或淡乳黄色，爽脆，味酸或略甜，有香气；种子小而平滑。通常无种子，只能靠扦插进行营养繁殖。佛手的香气比香橼浓，久置更香，被当成天然的"空气清新剂"。

千百年来，佛手一直被人们视为吉祥如意的象征，广东就有过年时候买佛手的习俗；在南方，寺庙里也经常供奉着佛手。佛手可制成多种中药材，根、茎、叶、花、果均可入药。

巨力犀牛

巨力犀牛的原型是苏门答腊犀牛。犀科是哺乳类犀牛的总称，是最大的奇蹄目动物。犀牛分双角和独角两种，也是仅次于大象体型大的陆地动物。目前生存的有5种犀牛，其中生存在缅甸、马来半岛、苏门答腊地区的犀牛叫作苏门答腊犀牛。它是犀牛中最原始、体型最小和唯一披毛的犀牛。它长有两个角，前角长，后角短，一只大的位于口鼻部的尖端，一只小的位于其后。它们还长着尖尖的上唇，供攫取树叶和树枝之用。苏门答腊犀牛最主要的特征是身披红棕色的长毛。

苏门答腊犀牛会游泳，酷爱在泥塘中打滚，让烂泥冷却皮肤，同时还可以保护皮肤，避免干裂。它主要生活在雨林和沼泽中，栖息于接近水源的丘陵地带，尤其是灌木较浓的山坡地带。当与人类遭遇或受到干扰和威胁时，它会喷洒大量尿液并多次排便。苏门答腊犀牛在黄昏和清晨凉爽的时候进行觅食活动。嫩枝树叶是它们的主要食物，很少吃草，更爱的是各种野果。与其他犀牛一样，苏门答腊犀牛的视力很差。虽然它们看似笨重，但可以轻松地翻山越岭。

由于人类过度捕杀和栖息地受到破坏，苏门答腊犀牛已成为极度濒危的动物，目前已被世界自然保护联盟红色名录列为极危。